MERCEDES-BENZ W 124
DER LETZTE ECHTE BENZ

Alexander F. Storz

Motor buch Verlag

Impressum

Einbandgestaltung: Sven Rauert

Dank und Fotonachweis:
Kein Buch wird vom Eremiten alleine am Schreibtisch verfasst. Ohne Unterstützung helfender Freunde oder zumindest freundschaftlich gesonnener Informanten geht es nicht. Die einen steuern Wissen bei, die anderen Fotos, und manche machen sich Gedanken, die dann in den Text einfließen. Dank geht an die Folgenden, die Input und Support jedweder Art gaben, und ist gleichzeitig der Fotonachweis: Jens-Peter Berthmann, Bernard Chretien (1), Wolfgang Diem (14), Frank Dolz (7), Peter Michels, Thomas R. Oertel (2), Alexander Franc Storz (45), Konzernarchiv Daimler-Benz (Mercedes-Benz Classic) - Axel Rauschenbach (42), Konzernarchiv Porsche - Jens Torner (9), Archiv afs (45). Nicht unerwähnt lassen wollen wir, in dieser Zeit des Umbruchs: Dieses Buch beruht ausschließlich auf menschlicher Intelligenz, also HI (Human Intelligence).

ISBN: 978-3-613-04843-0

1. Auflage 2026

Sie finden uns im Internet unter www.motorbuch-verlag.de

Innengestaltung: ERWE-WERBUNG, Ralf Weinreich
Druck und Bindung: DZS GRAFIK d.o.o.
Printed in Slovenia

Inhalt

Wer erstmals aus der Fahrerposition einem Stern hinterher fährt, ist stolz. Aber man gewöhnt sich schnell daran. Dennoch sollte man ihn ab und zu mit dem Taschentuch streicheln. Er glänzt dann so schön. Traurig ist es, wenn er von einem Neidhammel abgerissen wird.

Einleitung

Klassischer geht es nicht. Keine Experimente, keine Stilblüten. Eine vorbildlich gezeichnete viertürige Limousine. Der Mercedes W 124.

Alles ist relativ, alles eine Frage der Perspektive. Und die wird ganz wesentlich vom Lebensalter bestimmt. Wer heute 60 Jahre alt ist, sieht den Mercedes W 124 mit anderen Augen als der 30- oder 40jährige. Für die Älteren ist er ein Gebrauchtwagen. Er erschien, als sie bereits im Erwachsenenalter waren, sie leisteten sich einen W 124 als Neuwagen, fuhren ihn im Alltag, ersetzten ihn in den 90ern durch einen W 210. Die nach 1980 Geborenen, die so genannten Millenials, erlebten ihn als Kind, saßen auf seiner Rücksitzbank, verbinden ihre automobile Sozialisierung mit dem Mercedes W 124. Für sie ist er Kult, sie holen sich ihre Kindheit und Jugend zurück, indem sie einen W 124 als Klassiker fahren. Und die Generation Z hat ihn allenfalls als alternden Gebrauchten, wenn überhaupt noch, erlebt. Für sie ist dieser Wagen nichts als alt, und seine Vorgänger, für die Kohorten vor ihnen selbstverständlich (W 123, Strich-Achter) sind für sie uralt, prähistorisch. Sie betrachten den Mercedes W 124 als „richtigen" Oldtimer.

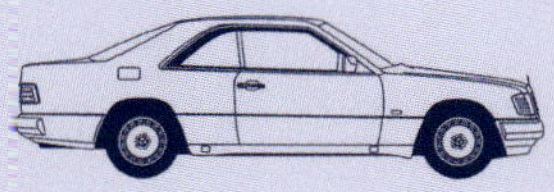

zum Klassiker zu reifen. Er hat nie einen richtigen Werttiefpunkt. Ein Mercedes ist immer etwas wert - monetär einerseits, aber viel mehr in der allgemeinen Wahrnehmung. Ein 20 Jahre alter Durchschnittswagen ist eine alte Schüssel. Ein 20 Jahre alter Mercedes ist und bleibt ein Mercedes. Und jeder weiß: Der wird bald interessant! Der W 124 ist längst interessant, darum widmen wir ihm ein Buch. Der gleich alten Durchschnittsschüssel widerfährt diese Ehre nicht.

Im Motorbuch-Verlag erschien vor elf Jahren bereits eine Typenchronik über den W 124 aus den Händen des Autors. Damals hatte der Wagen einen anderen Stellenwert als heute, war ganz einfach noch jünger. Seither sind auch einige Erkenntnisse über ihn hinzugekommen. Es ist nun Zeit für ein neues Buch, das auf den Recherchen des Damaligen beruht, diese ergänzt, das komplett überarbeitet ist, etliche neue Fotos zeigt, so manchen Aspekt ausführlicher beleuchtet - schlichtweg aktuell ist. Am generellen Aufbau haben wir nichts verändert. Veränderungen um ihrer selbst Willen, nur um etwas anders zu machen, erscheinen uns nicht sinnvoll.

Nach wie vor gilt, dass der Mercedes W 124 einen evolutionären Endpunkt markiert. Er war der letzte Mittelklasse-Mercedes, der Mittelklasse-Format hatte. Er war der letzte Mittelklasse-Mercedes, der in eine lange Reihe eingefügt werden konnte. Was nach ihm kam, und was fortan E-Klasse hieß, war deutlich größer, hatte vormaliges S-Klasse-Format. Kaum zuvor war der Unterschied zwischen Vorgänger und Nachfolger eklatanter als beim Übergang vom Mercedes W 124 zum W 210. Die automobile Klassengesellschaft rutschte damals, Mitte der 90er Jahre, um eine Stufe nach oben. Was zuvor Mittelklasse-Format hatte, wurde danach vom Nachfolger des als „Baby-Benz" geborenen 190ers, der C-Klasse, abgedeckt. Die E-Klasse war derart gewachsen, dass sie in Bezug auf die Innenraummaße und die schieren Karosseriedimensionen der bisherigen S-Klasse, dem W 126, entsprach. Und die S-Klasse ihrerseits in Form des W 140 wuchs ins Unermessliche.

Auch stilistisch markiert der Mercedes W 124 einen Endpunkt. Das Charakteristikum der Mercedes schlechthin, die Kühlerattrappe als Solitär, quasi als frontale Einleitung zum Thema Mercedes-Auto, trug er als letzter. Schon bei seiner letzten Modellpflege verlor er diesen verchromten

Ein solcher ist er natürlich auch, per definitionem, denn der jüngste Vertreter dieser Baureihe ist, zumindest als Limousine, über 30 Jahre alt. Die T-Modelle haben im Sommer 2026, die Coupés Ende 2026 und die Cabriolets Mitte 2027 das Recht, ein H-Kennzeichen zu tragen. Ihren Youngtimer-Status haben sie also hinter sich gelassen, längst haben sie den Adelsstand des Oldtimers erlangt. Das schafft formale Vorteile (Steuer und Versicherung), ist aber nebensächlich, gerade bei einem Mercedes. Denn ihm ist es quasi via DNS in die Wiege gelegt,

So schön und perfekt inszeniert Werksfotos auch sind - dieses Buch will den W 124 auch im Alltag auf der Straße zeigen. So wie hier: Der Beginn einer langen Freundschaft, der Neuwagen rollt vom Händlerhof. Also von der Wiege...

...bis zur Bahre. In Vaulx en Velin gestohlen, eine Nacht lang geschunden, dann verunfallt und angezündet: Das Aus eines W 124 in einem südfranzösischen Steinbruch. In Vaulx en Velin und Vénissieux in der Region Lyon, beide in den 80ern soziale Brennpunkte mit gefährlichen Banlieus, hatte der Autodiebstahl in den 80ern seinen Höhepunkt.

griechischen Tempel zugunsten eines in die Motorhaube integrierten Kühlergrills, der nur noch Anleihen an vergangene Glorien nahm. So wurde der Mercedes-Kunde ein- und umgestimmt auf den neuen Stil. Deshalb trugen die letzten W 124 er auch bereits die Bezeichnung E-Klasse, quasi als Götterdämmerung für eine neue Zeit.

Diese Sonderstellung hat die Generation 124 für Sammler schon sehr früh interessant gemacht. Vor elf Jahren schrieben wir: „Noch ist es relativ einfach, einen guten Mercedes W 124zu bekommen, aber das Angebot ist nicht mehr so groß, dass man an Baujahr, Farbe und Ausstattung zu große Ansprüche stellen darf. Und billig ist ein guter W 124 heute auch nicht mehr." Letzteres kann stehen bleiben. Ersteres nicht. Es ist nicht mehr einfach, einen guten und originalen W 124 zu bekommen. Ersthandwagen, vom Rentner bestens gepflegt und allenfalls für den allsamstäglichen Besuch auf dem

Friedhof aus der Garage geholt, gibt es nicht mehr. Grund ist die Biologie. Diejenige der Menschen, nicht des Autos. Wer vor 30 Jahren einen W 124 der letzten Generation fabrikneu kaufte und damals um die Rentengrenze war, wäre heute um die 90. Von 90jährigen kauft man selten einen Ersthandwagen. Somit hat heute nahezu jeder W 124 eine Vorgeschichte von mindestens zwei Händen, die sich schützend (oder nicht) über ihn legten, ist repariert, ist neu lackiert, ist in irgendeiner Form modernisiert. Originale sind selten geworden. Und Coupés und Cabriolets waren ohnehin bereits Liebhaberfahrzeuge, als sie noch neu waren, sie sind meist gut gepflegt worden und waren Zweitwagen. Billig waren sie nie.

Vorliegendes Buch widmet sich dem Mercedes W 124 von 1984 bis 1997, beleuchtet all seine Motorisierungen und Ausstattungsunterschiede sowie seine Modellpflegen, die im Stuttgarter Werksjargon so nett „Mopf" genannt werden. Es gab deren Zwei, und somit existieren also das Urmodell („Vormopf-Version") sowie Mopf 1 und Mopf 2. Das Buch beschäftigt sich mit den unterschiedlichen Aufbauarten Limousine, Kombi, Coupé und Cabriolet. Weil Scheuklappen auf den Augen nur dem Pferd, nicht aber dem Automobilchronisten nutzen, blicken wir nach links auf dem SsangYong Chairman, den W 124 in südkoreanischer Verkleidung, und nach rechts auf getunte Mercedes und solche mit Sonderkarosserien, und wir senken sogar das Haupt und betrachten den Mercedes W 124 als Miniaturauto, die Zierde der heimischen Vitrine.

Ulm, im März 2026, Alexander Franc Storz

Darunter finden sich auch ein paar „bunte Hunde" wie dieses Begleitfahrzeug der Tour de France des Teams Isostar Panasonic, aber auch Langlimousinen, Ambulanzen und Bestattungswagen sowie dezent oder exaltiert Getuntes. Foto: Steveb Lek

Die letzte Mittelklasse im klassischen Sinne: Der Mercedes W 124

Ein Modellauto kann auch im Maßstab 1/1 gehalten sein. Es ist so groß wie ein „echtes" Auto, aber es ist kein echtes Auto. Material: Gips oder Kunststoff, Technik: keine, praktischer Nutzwert: null. Es geht nur ums Aussehen.

Teilverschalte Hinterräder waren eine US-Mode der 80er Jahre, die der Opel Omega A nach Europa importierte. Der Mercedes W 124 blieb von solchen Gags verschont.

Modellbau kann mehr bedeuten, als am Feierabend einen Plastikbausatz zusammenzukleben. Modellbauer ist ein Beruf. Was hier von Hand modelliert wird, erledigt heute ein Computer, sofern man ihn mit den richtigen Daten füttert. ←

W 124 ohne Dach. Kein Cabrio-Prototyp, sondern ein Demonstrationsobjekt. Ohne Dachhaut lässt es sich schlichtweg besser in den Innenraum hinein fotografieren.

Bordcomputer waren in den 80er Jahren der letzte Schrei. In manchen Autos piepste und blinkte es unablässig, und der Fahrer fühlte sich wie ein Pilot im Düsenjet. Manche Hersteller kultivierten dies und gaben sich dadurch innovativ. Daimler-Benz musste mithalten, übertrieb es zum Glück aber nicht. Das Display sitzt im rechten Rundinstrument, statt Drehzahlmesser und Zeituhr. Der Drehzahlmesser ist beim Computer-Mercedes statt dessen ins linke Rundinstrument umgezogen.

Wohl bestückte Mittelkonsole, schön geschmückt mit Holz. Design und Bedienung haben sich so gut bewährt, dass beides für den Nachfolger, den W 210, nahezu nicht verändert wurde. Der abgebildete Wagen ist mit einem Bordcomputer bestückt.

Wer Mercedes Taxi fährt, sitzt hinten. Zumindest in den 80er und 90er Jahren war dies üblich und wurde vom Chauffeur auch erwartet. Im Taxi saß man nicht auf dem Beifahrersitz. Allerdings ist dies kein Taxi, sondern ein mit schönem Stoff ausgestattetes Privatauto. Im Taxi saß man auf abwaschbarem MB-Tex-Bezug.

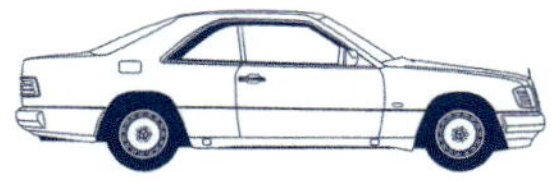

Mercedes 200 E mit dem aus dem 190 E bekannten 1996-cm³-Motor mit 122 PS. Das war nötig, weil in Italien eine exorbitante Luxussteuer auf alle Autos mit mehr als zwei Litern Hubraum fällig war (1325 Exemplare bis Februar 1986, der seltenste Mercedes W 124). Die Vierzylinder gab es mit Vier- oder Fünfgang-Getriebe, auf Wunsch Vierstufen-Automatik. Sechszylinder-Benziner waren die Typen 260 E und 300 E (Motor-Typ M 103), konstruktiv verwandt mit den Vierzylinder-Aggregaten. Diese Motoren mit Grauguss-Triebwerksblöcken und Leichtmetall-Zylinderköpfen erlebten ihr Debüt im W 124 und waren bald auch in der S-Klasse erhältlich. Fünfgang-Getriebe serienmäßig, Vierstufen-Automatik optional, ab September 1986 ABS für beide. Der 260 E, als Nachfolger des 250 gedacht, überflügelte den alten 280 E W 123 in den Fahrleistungen. Dessen Nachfolger 300 E, eine wahre Kanone, machte 80 Prozent des Sechszylindergeschäftes in der Baureihe W 124 aus. Anfangs wurde als einziger W 124-Benziner der 300 E in den USA angeboten, später kam der 260 E hinzu, der dort 300 E 2.6 hieß.

Eine neue Dieselmotoren-Generation (Typenfamilie OM 600) hielt im W 124 Einzug, Schrittmacher war der im Jahr zuvor im W 201 angebotene 190 D, der nahezu unverändert den 200 D antrieb. Auf seiner Basis entstanden die Fünfzylinder- (OM 602 im 250 D) und Sechszylinderversion (OM 603 im 300 D), allesamt voll verkapselt und somit für die

Eine patente Lösung: herausklappbare Rücksitzbank für Kinder. Sie verdammt die Fahrgäste allerdings zu äußerst passivem Mitgefahrenwerden. Außerdem wird es manchen Leuten, auch Kindern, schlecht, wenn sie rückwärts befördert werden.

Laut Auskunft seines Eigentümers hat dieses ehemalige französische Mercedes-Servicefahrzeug über eine halbe Million Kilometer auf der Uhr. Der 300 TD sei nach wie vor ein gutes und zuverlässiges Auto.

Seltener Anblick: Gemopftes T-Modell mit Plastikradkappen auf Stahlfelgen. Die meisten Eigentümer votierten für Gullydeckel-Alufelgen. Aber die Winterreifen waren meist auf Stahlfelgen aufgezogen.

Umstehenden keine akustische Plage mehr. Mitte der 80er Jahre herrschte eine Dieselmanie als Ergebnis der Umweltdiskussion und der zweiten Ölkrise 1979/80 (auch in den USA), Dieselmotoren wurden als schadstoffarm eingestuft. Der 200 D hatte zwar eine hohe Endgeschwindigkeit, aber wenig Durchzugvermögen und musste häufig geschaltet werden. Deshalb votierten Taxler eher für den 250 D.

Er hatte mehr Durchzug und harmonierte eher mit einem Automatikgetriebe. Der 300 D konnte damals für sich den Superlativ in Anspruch nehmen, der leiseste Diesel-Pkw der Welt zu sein. Seine Fahrleistungen entsprachen ungefähr einem Mercedes 200 mit Ottomotor, aber er war um 7700 D-Mark teurer als dieser. Man musste also oft tanken, damit sich der Mehrpreis amortisierte. Aber es war in dieser Zeit Mode, Diesel zu fahren, und so betrug die Lieferfrist für den begehrten 300 D über zwei Jahre. Ab 1986 gab es für den Export nach USA und Japan einen 300 D Turbo mit 143 PS und serienmäßiger Automatik. Er durchbrach die 200-km/h-Schallmauer.

Mercedes W 124 in US-Spezifikationen, erkennbar an den speziellen Scheinwerfern. Der US-Amerikaner kaufte, wenn Mercedes, lieber eine S-Klasse. Wer sich dort „nur“ die Mittelklasse leisten konnte, blieb lieber beim Oldsmobile oder Pontiac.

Anfahren am Berg auf Schnee. Diesen Alptraum überwindet der W 124 4Matic. Beim Anfahren schaltet die 4Matic immer auf Allradantrieb.

Einen Vorläufer hatte der Audi bereits in den 60ern, den Luxussportler Jensen mit Ferguson-Allradantrieb. Der Traktorenhersteller Ferguson integrierte im Differenzial eine mit zähflüssigen Silikonen arbeitende Flüssigkeitskupplung. Sie ist bei geringen Drehzahldifferenzen (Kurvenfahrt) ohne Wirkung, hat aber erhebliche Sperrwirkung, sobald ein Rad durchzudrehen beginnt. Weiteres Merkmal dieses Systems ist ein Zwischendifferenzial, welches das von der Getriebeabtriebswelle abgegebene Drehmoment unterschiedlich auf beide Achsen verteilt: Die Hinterräder haben beim Ferguson-Antrieb unter normalen Verhältnissen eine größere Treibkraft (63 Prozent) als die vorderen - das ist der hauptsächliche Unterschied zum Audi-System. Doch der Jensen war kein als Allradwagen konstruiertes Fahrzeug, sondern ein dazu umgebauter konventioneller Hecktriebler mit Frontmotor. Bald erkannten die Konstrukteure, dass sich der Mehraufwand für

Schneekönig. Einem Mercedes wurde schon immer vorgeworfen, trotz aller Meriten im Schnee nichts zu taugen. Dieses Klischee gehörte dank 4Matic der Vergangenheit an.

Ein teurer Kombi mit teurem Extra: 300 TE 4Matic mit deutschem Ausfuhrkennzeichen. In welche Gegend mag ihn sein Schicksal verschlagen? Und ist man dort in der Lage, die 4Matic ordentlich zu warten?

Allradantrieb aus Kosten- und Gewichtsgründen nur dann rentiert, wenn der Motor die angetriebene Achse überhängt, sodass sich der Mehraufwand - grob ausgedrückt - nur auf eine Kardanwelle und einen zusätzlichen Achsantrieb beschränkt.

Durch den Audi Quattro verfiel die Industrie in einen regelrechten Allrad-Wahn bei Personenwagen - nicht zuletzt durch seine Rallye-Erfolge in der ersten Saison 1981. Immer mehr Personenwagen bekamen optionalen Allradantrieb. Beispiele: nahezu die gesamte Audi- und Subaru-Modellpalette, viele Japaner, Alfa 33 (1983), Ford Sierra XR4x4 und Scorpio (beide 1985), Lancia Delta HF integrale (1987), Mercedes W124 4Matic (1987), Renault Espace Quadra (1988), Citroen BX (1988) und VW Passat Variant syncro (1984) als Schrittmacher für eine ganze Generation vierradgetriebener Volkswagen.

Daimler-Benz hatte sich an der Manie ursprünglich nicht beteiligen wollen. Doch die Abstinenz drohte, einen technischen Rückschritt zu implizieren. Stuttgart musste einfach mitmachen. Wenn schon – denn schon. Daimler-Benz entwickelte ein dreigliedriges Fahrdynamik-Konzept aus ASD, ASR und 4Matic, das, jeweils elektronisch gesteuert, je nach individueller Anforderung für Vortrieb sorgt. ASD ist das automatische Sperrdifferenzial an der Hinterachse (ab Herbst 1986), ASR die Antriebs-Schlupfregelung (gleichzeitig eingeführt), 4Matic ist Allradantrieb für die sechszylindrigen W 124er (ab März 1987 lieferbar). Normalfall ist Heckantrieb, die Drehdaten der Räder werden von Sensoren gemes-

Etwas unorthodox reparierter Blinker am ansonsten schön erhaltenen Wagen: 300 TE 4Matic in US-Version, aufgenommen 2018 im New Yorker Stadtteil Flushing. (Foto: Kevauto)

sen und an das elektronische Steuergerät gemeldet. Je nach Bedarf und ohne Eingriff des Fahrers entscheidet der Mercedes bei durchdrehenden Hinterrädern, was zu tun ist. Entweder schaltet sich nur der Vorderradantrieb zu (Antriebsverhältnis 35:65) oder das zentrale Planetenrad-Ausgleichsgetriebe zwischen beiden Achsen wird zusätzlich gesperrt (Antriebsverhältnis 50:50). Im Extremfall und unter Tempo 20 geht die Technik sogar so weit, dass nur die Vorderräder Schub haben und die Hinterräder nicht – ein temporärer Frontantriebs-Mercedes. Das Ganze ist ein Technologie-Wunder, war mit anfangs 12.500 und bald 15.000 D-Mark Aufpreis ungemein teuer, stellte einen elektronischen Meilenstein dar und ist, bei alten Fahrzeugen, ein Quell ständigen Ärgernisses.

Wer nicht gegen den Heckschriftzug optierte, optierte für ihn. Dann stand rechts „4MATIC".

„Eine neue Ära in der Antriebstechnik" nannte Daimler-Benz die 4Matic-Technik. Das Schema zeigt es deutlich: Dieser W 124 hat (auch) Vorderradantrieb.

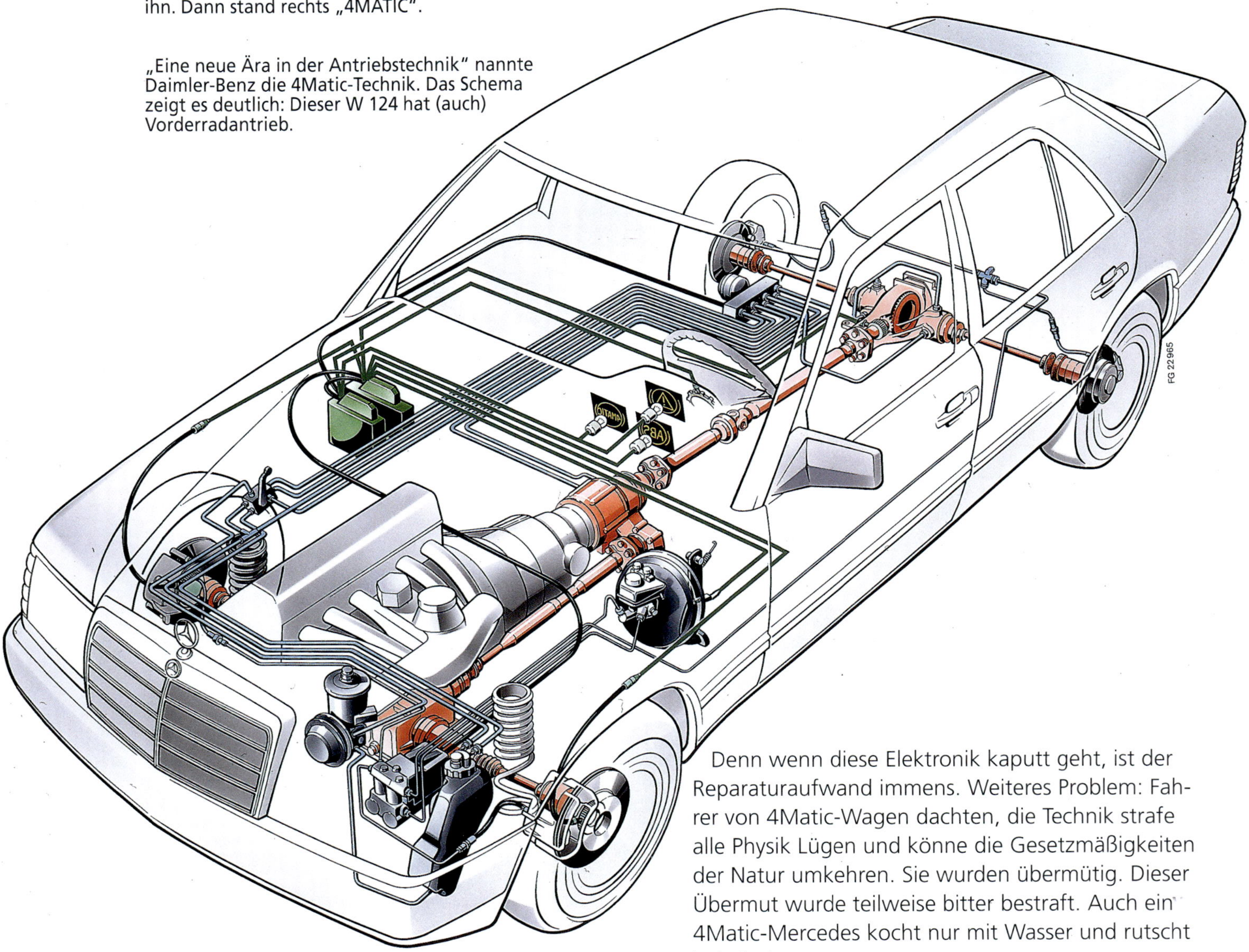

Denn wenn diese Elektronik kaputt geht, ist der Reparaturaufwand immens. Weiteres Problem: Fahrer von 4Matic-Wagen dachten, die Technik strafe alle Physik Lügen und könne die Gesetzmäßigkeiten der Natur umkehren. Sie wurden übermütig. Dieser Übermut wurde teilweise bitter bestraft. Auch ein 4Matic-Mercedes kocht nur mit Wasser und rutscht bei Eisglätte.

Jetzt wird's bunt

Die Serien- und Sonderfarben zwischen 1985 und 1996, in Klammern die Farbe des Flankenschutzes/der Schürzen ab Mopf 1. Darüber hinaus gab es während der kompletten Produktionszeit werksseitig lackierte Sonderfahrzeuge für Polizei, Feuerwehr, Notarzt.

Grau- und Schwarztöne:
Schwarz 040 (Altogra 7700) 1985-199,
Liasgrau 751 (Stratusgrau 7177) 1985-1990,
Carraragrau 752 (Stratusgrau 7177) 1990-1992,
Blauschwarzmetallic 199 (Altograu 7700) 1985-1996,
Smaragdschwarz Metallic 189 1994-1996,
Astralsilber Metallic 735 (Stratusgrau 7177) 1985-1990,
Anthrazitgrau Metallic 172 (Muschelgrau 7176) 1985-1994,
Rauchsilber 702 (Muschelgrau 7176) 1985-1996,
Kristallsilber Metallic 745 1987-1989,
Brillantsilber Metallic 744 (Stratusgrau 7177) 1990-196,
Perlmuttgrau Metallic (Altograu 7700) 1986-1996,
Onyxgrau Metallic 721 1995-1996,
nur für E 500: Saphirschwarz Metallic 009.

Weiß- und Beigetöne:
Classic Weiß 737 1985,
Arctisweiß 147 (Satograu 7738) 1985-1992,
Polarweiß 149 (Satograu 7738) 1993-1996),
Taxifarbe Hellelfenbein 623 (Safaribeige 1631) 1985-1996,
Taigabeige 684 1985-1986, Sandbeige 444 1985-1986,
Pueblobeige 651 (Muschelgrau 7176) 1986-1992,
Champagner Metallic 473 (Chincilla 8477) 1985-1989.

Rottöne:
Signalrot 558 (Tartanrot 3515) 1985-1991,
Imperialrot 582 1993-1996,
Bornit Metallic 481 (Violettgrau 7166) 1990-1995,
Pajettrot Metallic 587 (Navarrarot 3521) 1985-1991,
Almandinrot Metallic 512 (Navarrarot 5321) 1988-1996,
Rubinrot Metallic 572 1995-1996.

Blautöne:
Surfblau 900 (Andorblau 5301) 1985-1990,
Dunkelblau 904 (Rioblau 5309) 1985-1996,
Diamantblau Metallic 355 (Andorblau 5301) 1985-1990,
Perlblau Metallic 348 (Andorblau 5301) 1990-1996,
Nautikblau Metallic 929 (Andorblau 5301) 1985-1994,
Azuritblau Metallic 366 (Andorblau 5301) 1993-1996,
Petrol Metallic 877 1985-1989,
Beryll Metallic 888 (Lago 6250) 1990-1996.

Grüntöne:
Riedgrün 803 1985-1986,
Achatgrün 815 (Kiwigrün 6211) 1986-1990,
Eibengrün 822 1985-1986,
Zypressengrün Metallic 876 1985-1987,
Nelkengrün Metallic 261 (Kiwigrün 6211) 1986-1990,
Kristallgrün Metallic 256 (Kiwigrün 6211) 1990-1996,
Silberdistel Metallic 881 1986-1987,
Nachtgrün Metallic 254 (Kiwigrün 6211) 1987-1990,
Malachitgrün Metallic 249 (Tropengrün 6856) 1990-1996),
Turmalingrün Metallic 269 1994-1996.

Gelbtöne:
Hellocker 690 1985-1986,
Weizengelb 681 1985.

Brauntöne:
Maroonbraun 459 1985 bis 1986,
Mangobraun Metallic 480 1985-1987,
Bisonbraun Metallic 432 1986-1990 (Chincilla 8477),
Nutria Metallic 475 1992-1996 (Karminbraun 8482),
Rosenholz Metallic 495 1992-1996 (Karminbraun 8482),
Impala Metallic 441 1986-1991 (Chincilla 8477).

In obiger Übersicht findet sich dieser Farbton nicht. Also kann er nicht original sein. Aufnahme 2009 auf Rhodos. (Foto: User Piotrus)

Programmerweiterung und Evolution: Coupé, Cabriolet und Plakettengrill

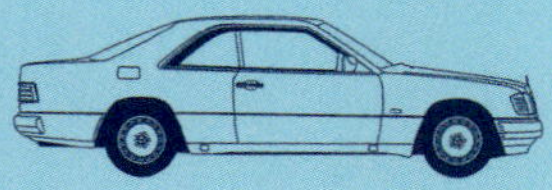

Das Mittelklasse-Coupé, eine Tradition seit den Zeiten des Strich-Achters, erschien anlässlich des Genfer Salons im März 1987 als 230 CE und 300 CE, ein Jahr später als 300 CE-24. Der Radstand war um 8,5 Zentimeter verkürzt, die rahmenlosen Seitenscheiben waren voll versenkbar und ließen dank fehlender B-Säule eine Portion Cabriofeeling aufkommen. Identisch zur Limousine sind lediglich der Vorbau und die Rücklichter. Das Coupé ist ein reiner Viersitzer und wesentlich besser ausgestattet als die Limousinen. Die vorderen Insassen freuen sich über einen Gurtbringer. Das Coupé nahm das Facelift der übrigen Baureihe voraus und trug ab Serienstart bereits glattflächige Flankenverkleidungen. Ab Oktober 1992 ersetzten der 220 CE und der E 320 die drei bisherigen Motorisierungen, Ende 1994 ergänzte der 200 CE das Programm nach unten. Produktionsauslauf im März 1996 nach 141.498 Fahrzeugen, hergestellt im Werk Sindelfingen, ebenso wie das Cabriolet (für das aus Kapazitätsgründen zeitweise Fertigungsaufträge an Karmann in Osnabrück vergeben wurden).

Das Coupé nahm das Facelift der Limousinen um zweieinhalb Jahre voraus und trug bereits Seitenverkleidungen aus Kunststoff.

Echtes Offenfahren gestattete das Vollcabriolet, präsentiert auf der IAA 1991 und ausschließlich als 300 CE-24 rechtzeitig zum Sommer 1992 lieferbar – ein wunderschönes Fahrzeug, bei dem der Höhenunterschied zwischen Seitenscheibenunterkante und hohem Kofferraum gekonnt mit einem Schwung ausgeglichen wurde. Entwickelt wurde das Cabriolet aus dem Coupé. Das gut gefütterte Verdeck ist bedienungsfreundlich und gegen 4000 D-Mark Aufpreis bedient es sich elektrisch selber. Der Clou ist der elektrisch ausfahrbare Überrollbügel, bereits aus dem SL bekannt. Zum Modelljahr 1994 ersetzte der E 320 den 300 CE-24, der vierzylindrige E 220 machte den Einstieg ins Offenfahren bei Mercedes preiswerter. Im März 1994 Aufwertung der Serienausstattung und neue Variante E 200. Das Abschiedsmodell war die „Final Edition" ab Oktober 1996 mit Komplettausstattung. Ende der Produktion im Juli 1997 nach 33.952 Stück.

Das Cabriolet war also diejenige W-124-Baureihe, deren Produktionsstopp am weitesten hinausgezögert wurde. Aus gutem Grund! Ein Nachfolger stand noch nicht bereit, als all die anderen W 124er sterben mussten. Er kam erst Mitte 1998 in Form des CLK Cabriolets der Baureihe W 208, basierend auf dem W 202, also der C-Klasse, das dazu passende Coupé war früher, ab Sommer 2002, parat. Das heißt, das Cabriolet und Coupé waren fortan eine Klasse tiefer angesiedelt, nicht mehr auf der E-Klasse. Erst 2009 sollte es wieder ein Coupé und Cabriolet auf E-Klasse-Basis geben, den CLK 207, parallel zur E-Klasse W 212. Das hatte bis 2023 Gültigkeit, dann kam der CLE W 236, der sowohl die zweitürigen E- also auch C-Klasse-Modelle gemeinsam ablöste.

Das ist mit ein Grund, warum manche Cabriolet-Liebhaber einen Mercedes und sonst nichts kaufen. Ist das Verdeck geschlossen, so fühlt man sich wie in einem Coupé. Ein Cabrioletverdeck an einem Mercedes ist ein Dach, kein Provisorium.

Das Cabriolet in der endgültigen Version mit Rundungen statt Knicken auf dem Kofferraumdeckel und bichromatischen Rücklichtgläsern.

Zweifaches Gemopfe mündet in der E-Klasse

Eine erste optische Änderung erfuhr der Mercedes W 124 zum Modelljahr 1990, also Mopf 1. Die Flankenschutzleiste fiel weg. Statt ihrer montierte Daimler-Benz glatte Seitenverkleidungen, die farblich mit der Lackierung harmonierten und seidenmatt schienen, ebenso wie die modifizierten Bug- und Heckschürzen mit spoilerartigem unterem Abschluss. Das gab dem Wagen ein moderneres Erscheinungsbild. Parallel dazu wurden die glattflächigen Kunststoffradkappen, bislang stets silbern lackiert, mit einem äußeren Chromring versehen und harmonierten farblich mit der Wagenlackierung, ohne in dieser lackiert gewesen zu sein. Zumindest gab es für dunkle Wagen dunkel lackierte Radkappen. Damit reagierte Daimler-Benz auf einen vielfachen Wunsch der Käufer, welche die Nirostaradkappen mit in Wagenfarbe lackiertem Innenkreis schwer vermissten, die noch den W 123 geziert hatten. Aber die wenigsten Kunden orderten ihren W 124 mit Stahlfelgen. Die meisten Wagen trugen Aluräder. Die so genannten Barock-Alus gab es nicht mehr für den W 124, aber böse Zungen hatten für das neue Design sofort wieder einen Spitznamen parat: Kanaldeckelräder oder auch Gullydeckelräder. Sie waren quasi die Standard-Alus für den W 124 während seiner ganzen Produktionszeit und anfangs gab es ausschließlich sie. Sie waren stets aufpreispflichtig außer beim 300 E-24 bzw. E 320. Ab 1990 kamen die Achtloch-Alus für den 500 E und E 420 hinzu, später waren sie Bestandteil des Sportline-Paketes. Ein- und mehrteilige AMG-Felgen waren stets aufpreispflichtig.

Architektur unter sich. Die nunmehr in Wagenfarbe gehaltene Front- und Heckschürze wertet den W 124 auf. Unlackiertes Plastik wirkt billig. Die lackierten Karosserieabschlüsse strecken das Design und lassen die Karosserie wie aus einem Guss wirken.

Wer einen W 124 fuhr, investierte zumeist in Alufelgen. Wer darauf verzichtete, bekam ab 1993 dunkel lackierte Radkappen zum dunklen Fahrzeug und durfte sich an einem Chromring erfreuen.

Auf den Philippinen 2024 fotografiert: 300 E 2.6 in Nautikblau Metallic. Diese für Europäer ungewohnte Typbezeichnung trug der 260 E in den USA, und das Fahrzeug trägt auch US-Spezifikationen. (Foto: Ethan Llamas

Zum 1990er Facelift gehörte nicht nur die äußere Optik, sondern auch geänderte Sitze (die nach wie vor nicht ausreichend bequem für groß gewachsene Fahrer waren) und die Sonderausstattung Sportline. Das war leichtes, hausgemachtes Tuning: straffere Dämpfer, etwas tiefer gelegt, direktere Lenkung, breitere Reifen (205/60 R 15 auf Alu- oder Stahlfelgen), Schalensitze vorne und Einzelsitze hinten, Schaltknauf und Lenkrad mit Leder bezogen. Die W-124-Kunden nahmen das Sportpaket an, aber nicht mit so viel Begeisterung wie beim kleineren 190er. Trotz des von BMW vorgegebenen, sportlichen Mainstreams setzten W-124-Fahrer doch eher auf Komfort und Eleganz.

Der Zweiliter-Vergaser hatte ausgedient, ein Einspritzer trat an seine Stelle (wie zuvor schon in Italien), und Daimler-Benz bot nur noch Fahrzeuge mit Katalysator an. Ein völlig neuer Motor arbeitete im

Weiterhin blieb der W 124 im Nordamerika-Angebot und trug die charakteristischen Sealed-Beam-Scheinwerfer.

In New York sind die Autos unangenehmen Wetterbedingungen ausgesetzt, die New Yorker Winter sind legendär. 300 D 2.5 Turbo im Jahr 2016, und auch hier sind Schneereste zu sehen. Die Typbezeichnung ist wieder typisch amerikanisch. In Europa heißt der Wagen 250 TD Turbo. (Foto: Jason Lawrence)

300 E-24, er hatte sein Debüt kurz zuvor im 300 SL-24 gefeiert. Die Vierventiltechnik brachte 40 Mehr-PS, hatte eine sportlich-drehzahlfreudige Charakteristik, und diese Fahrfreude ließ sich Daimler-Benz mit 7500 D-Mark Aufpreis gegenüber dem bisherigen und weiterhin gebauten 300 E mit Zweiventiltechnik erkaufen. Gleichzeitig hielt eine neue Fünfstufen-Automatik Einzug in die W-124-Palette. Zum Modelljahr 1993 stellte Daimler-Benz das komplette Benzinmotorenprogramm auf Vierventiltechnik um. Nun gab es die Typen 200 E, 220 E, 280 E und 320 E. Der bisherige 300 E blieb im Programm und bot die einzige Möglichkeit, einen 4Matic-Mercedes zu fahren. Die Vierventiler hatten mehr Leistung und Drehmoment, senkten den Verbrauch und machten die Wagen insgesamt souveräner.

Zum Modelljahr 1994 (genau: am 18. Juni 1993) wurde die E-Klasse geboren, nachdem zuvor der 190er-Nachfolger C-Klasse getauft worden war, und die S-Klasse war als Begriff ohnehin gang und gebe. Ganz neu war der Begriff nicht. Mercedes of

Ein so genanntes California Car: 18 Jahre alter E 320 in San Francisco im Jahr 2012. (Foto: Mic)

USA-Coupé in Komplementärfarben: rote Karosserie, die Kunststoff-Anbauteile in Anthrazitmetallic. Der Kunde konnte wählen zwischen Harmonie und Zweifarbeffekt. Letzteres streckt die Linie, ersteres wirkt seriös.

North America hatte die Mittelklasse in der Werbung schon lange als „E-Class" bezeichnet. Die E-Klasse war also die Mopf 2 der W-124-Baureihe. Sie verlor ihren separat stehenden Kühlergrill. Ein neuer, so genannter Plakettengrill hielt Einzug, er wurde von der Motorhaube umrahmt. Der Mercedes-Stern war nun nicht mehr auf dem Kühlergrill montiert, sondern auf der Haube. Neu war auch die Farbgebung. Während bisher die Karosserieanbauteile aus Kunststoff (Front- und Heckschürze, Flankenverkleidungen) in ungefähr demselben Farbton wie die Karosserie, aber seidenmatt, lackiert waren, gab es nun Unterschiede in der Farbhelligkeit, beispielsweise ein dunkelblauer Wagen mit mittelblauen Anbauteilen. Die Schutzleiste des hinteren Stoßfängers wurde bis zu den Radausschnitten verlängert. Rundungen statt Knicke auf dem Kofferraumdeckel. Weiße vordere Blinkergläser ersetzten die orangefarbenen, die Farbe der Rücklichtgläser änderte sich auch. Die Kunststoffabdeckungen waren nun bichromatisch, also einheitlich weißgrau gefärbt, und die Leuchtfarbe bei eingeschaltetem Licht ergab sich durch farbige Glühbirnen. Modifikationen im Innenraum (Stoffdesign, orthopädische Vordersitzlehnen). Gleichzeitig spendierte Daimler-Benz auch den Vorkammer-Dieselmotoren Vierventiltechnik: E 250 Diesel und E 300 Diesel, beide optisch zu erkennen an den Kiemen am rechten Vorderkotflügel, ganz wie die Turbodiesel. Die Fünf- und Sechszylinder arbeiteten nun auf einem Leistungsniveau, das zuvor eines zusätzlichen Turboladers bedurft hatte. Unverändert blieben die Zweiventiler-Motoren im E 200 Diesel sowie die beiden Turbodiesel E 250 (nicht im T-Modell) und E 300 (nur mit Vierstufen-Automatik, auch mit 4Matic). Die Service- und Wartungsintervalle wurden von 15.000 auf 30.000 Kilometer verlängert.

Viel zu schade zum Wegwerfen: augenscheinlich ganz gutes Coupé der ersten Serie mit konventionellem Kühlergrill. Es verbringt seine letzten Tage zwischen einem Mercedes W 116 und einem Autobianchi A112 in Frankreich.

Die Ulmer Stadtmauer stammt aus dem 16ten Jahrhundert, der Mercedes W 124 aus dem 20sten. Beide sind im Jahre 2013 in gutem Zustand und präsentieren ihre leichte Patina mit Würde.

Von „Südfrankreich-Benzen“ wird viel gesprochen, Liebhaber bevorzugen sie, weil sie sich wegen des dortigen Klimas gut halten und es überdies keine Importprobleme gibt. Gut erhaltener 300 Turbo-Diesel am Straßenrand in Marseille.

Schönes Mopf-2-T-Modell vor schönem Patrizierhaus in schöner Wohnstraße. Zu W-124-Zeiten war Weiß noch keine Modefarbe, sondern eher die Lackierung von Flottenfahrzeugen. Ein weißes W 124 T-Modell sticht also hervor.

Ein W 124 als Helfer, um seinen Ahnen in die Heimat zu bringen. In Frankreich entdeckter, seltener Mercedes 170 Pickup auf dem Wege nach Deutschland.

Dasselbe Zugfahrzeug, nun mit einem '53er Opel Olympia Rekord am Haken. Der Mercedes E 220 muss arbeiten, der Opel sieht einer Restaurierung entgegen.

Alltagsauto in Südfrankreich im Jahre 2013: Mercedes 250 TD mit etwas abgeschabten Plastikradkappen.

Sondermodelle von Mercedes

Zu W-124-Zeiten gab es keine werksseitigen Sondermodelle. Das ist gängige Meinung, stimmt aber nur teilweise. Für den Heimatmarkt gilt, dass es kaum werksseitige Sondermodelle gibt. Die letzten 1390 E-Klasse Cabriolets, bei Karmann zwischen Oktober 1996 bis Juli 1997 entstanden, wurden zur Final Edition konfektioniert: schwarzes Leder, Wurzelholz, Klima, tiefer gelegt und 17-Zoll-AMG-Räder, lieferbar als E 200, E 220 und E 320. Auch der E 500 Limited war ein Sondermodell in 500er-Auflage, Saphirschwarz oder Brillantsilber lackiert, Leder in Grau, Rot oder Grün, Felgen entweder im Evo-II- oder im Achtloch-Design.

Ganz anders im Export. Es stand den Importgesellschaften der jeweiligen Länder natürlich frei, ihre Geschäfte nach eigenem Gutdünken zu führen. Und wenn sie meinten, Sondermodelle kurbelten den Verkauf an, so konnten sie welche kreieren. Es gibt zwei Möglichkeiten, sie zu erschaffen: Entweder man ordert ein Sondermodell als solches beim Werk. Dann muss das Werk bereit sein, es zu bauen. Oder man kreiert es selbst, am Werk vorbei. Dann bestellt der Importeur beim Werk ein entsprechend ausgestattetes und lackiertes Fahrzeug als Ausgangsprodukt und rüstet es in Eigenregie um oder rüstet nichts um und deklariert das Fahrzeug, wie es geliefert wird, schlichtweg zum Sondermodell. Der französische Mercedes-Importeur entschied sich für letzteren Weg und schuf fünf spezielle W-124-Auflagen. Die erste erschien im Juli 1991 und hieß Classe E Contact. Das waren Limousinen und T-Modelle mit eingeschränkter Motorenauswahl (200 E, 200 D, 250 D) und weitgehend genormter Ausstattung, Extras möglich, lieferbar in allen gängigen Außenfarben. Einsparung damals rund 10.000 Francs, was rund 3500 D-Mark entsprach, gegenüber dem Serienmodell. 1994 erschienen gleichzeitig die beiden Serien Référence und Prestige, nur Limousine. Der Référence legte Wert auf die Sicherheit seiner Insassen und verfügte über zwei Airbags und hintere Kopfstützen. Der Prestige baute auf dem Référence auf, zusätzlich Lederausstat-

Mercedes W 124: Baujahre und Stückzahlen								
Limousinen mit Benzinmotor								
Typ	200	200 E	200 E/E 200	220 E/E 220	230 E	260 E	260 E Langlimousine	280 E/E 280
Baujahr	1/85 - 5/90	9/88 - 9/92	10/92 - 6/95	9/92 - 6/95	1/85 - 9/92	1/85 - 9/92	ca. 9/98 - ca. 10/92	10/92-6/95
Stückzahl	110.354	176.660	82.588	105.356	374.422	154.391	1.006	57.302
Limousinen mit Dieselmotor								
Typ	200 D/E 200 Diesel	250 D	E 250 Diesel	250 D Langlimousine	E 250 Diesel Langlimousine	260 Turbodiesel/E 250 Turbodiesel	300 D	E 300 Diesel
Baujahr	1/85-6/95	1/85-6/93	7/93-6/95	ca. 9/89-7/94	7/93-6/95	9/88-6/95	1/85-6/93	7/93-6/95
Stückzahl	236.926	236.811	41.411	776	181	48.876	131.647	23.166
T-Modelle mit Benzinmotor								
Typ	200 T	200 TE	220 TE/E 220	230 TE	280 TE/E 280	300 TE	300 TE-24	320 TE/E 320
Baujahr	11/85-5/90	9/89-10/92	6/92-2/96	10/85-9/92	9/92-2/96	11/85-10/92	9/89-10/92	9/92-2/96
Stückzahl	7467	20.555	22.057	64.945	12.177	41.775	6.282	18.368
T-Modelle mit Dieselmotor								
Typ	200 TD	250 TD	E 250 Diesel	250 TD Turbo/E 250 Turbodiesel	300 TD	E 300 Diesel	300 TD Turbo/E 300 Turbodiesel	300 TD Turbo 4-matic/E 300 Turbodiesel 4-mati
Baujahr	11/85-6/91	10/85-6/93	7/93-2/96	6/90-1/96	8/86-6/93	7/93-2/96	6/86-2/96	8/87-3/95
Stückzahl	7373	43.628	15.625	5745	21.901	9.071	14.844	2.317
Coupés								
Typ	200 CE/E 200	220 CE/E 220	230 CE	300 CE	300 CE-24V	320 CE/E 320		
Baujahr	9/92-3/96	9/92-3/96	4/87-9/92	4/87-10/92	8/89-11/92	9/92-3/96		
Stückzahl	13.769	12.337	33.675	43.468	24.463	13.768		
Cabriolets								
Typ	200 CE/E 200	220 CE/E 220	300 CE-24	320 CE/E 320				
Baujahr	7/93-7/97	6/93-7/97	3/92-7/93	9/92-7/97				
Stückzahl	4426	6296	6343	12.229				

Nach Karosserieaufbauten geordnet, wurden von der W 124 Limousine 2,215.520 Fahrzeuge gefertigt, es liefen 326.224 T-Modelle vom Band, 141.480 Coupés und 33.952 Cabriolets. Insgesamt also 2,703.244 Mercedes W 124. Von den Langlimousinen und dem 500 E abgesehen, sind die 4Matic-Modelle die seltensten, nur der 300 TE 4Matic brachte es auf eine fünfstellige Produktionszahl. Aber auch ein „schnöder" 200 TD ist seltener als ein exklusiver 500 E. Und die Cabriolets sind, als eigenes Genre betrachtet, natürlich die Einhörner der W 124-Familie.

tung und Walnussholz, Klima und Alus. Ebenfalls aus dem Jahre 1994 stammt die Sonderserie Optimum, Limousine und T-Modell, sehr ähnlich dem Référence, dazu beheizbare Außenspiegel, vordere Mittelarmlehne, Zentralverriegelung und elektrische Fensterheber vorne. Schon zuvor, im Februar 1993, gab es den W 124 Tempérée. Der Name besagt die Spezialität: serienmäßige Klimaautomatik für alle Modelle außer 200 D, alle weiteren Extras möglich. Sodann bot Mercedes-France die so genannte Cocoon-Serie ab 1992 an, zunächst für den W 201, ab 1993 auch für den W 124. Cocoon bedeutete eine zusammengefasste Luxusausstattung zum Sonderpreis, Lederausstattung, Metalliclackierung, Alus, Klimaanlage und ein ordentliches Soundsystem. Ganz zum Schluss gab es eine letzte Sonderserie ohne Namen, Mercedes-France sprach von der Edition limitée à 1000 Exemplaires, und diese 1000 Exemplare, nur Limousinen, trugen eine Lederausstattung, Klimaautomatik und Alufelgen, und sie waren einzeln durchnummeriert. Keinem dieser Sondermodelle sah man diesen Status an, sie trugen keine aufgeklebten Zierstreifen oder Comicfiguren, auch keine schwungvollen Logos mit Bezug auf das Sondermodell. Das war Daimler-Benz nicht würdig, das überließ man den anderen, den nicht-Premium-Herstellern. Auch andere Importgesellschaften setzten auf dieses Prinzip, gerade in den letzten Baujahren, als der Verkauf schwieriger wurde. In Belgien gab es beispielsweise 1994 das W-124-Sondermodell Collection.

	280 E/E 280 Langlimousine	300 E	300 E-24V	320 E/E 320	400 E/E 400	500 E/E 500	260 E 4-matic	300 E 4-matic
	10/92-7/94	1/85-6/92	9/89-8/92	9/92-6/95	9/91-6/95	9/90-6/95	4/87-6/91	4/87-4/95
	379	258.063	19.300	63.950	22.802	10.479	1.943	14.202
	300 Turbodiesel/E 300 Turbodiesel	300 D 4-matic	300 D Turbodiesel 4-matic/E 300 Turbo-diesel 4-matic					
	1/88-6/95	3/87-6/91	3/88-3/95					
	38.908	1.485	2.136					
	300 TE 4-matic/ E300 4-matic							
	4/87-4/95							
	12.094							

Der Mercedes von Porsche: Der 500 E als ultimatives Sportgerät

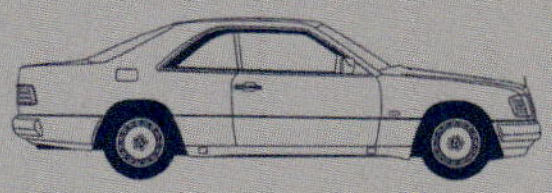

Seit 1972 agiert die BMW Motorsport GmbH, ein BMW-Tochterunternehmen. Sie betreibt nicht nur das Motorsportengagement von BMW, sondern modifizierte die 5er Reihe - zunächst den M535i, ab der zweiten 5er-Generation hieß der Hochleistungssportler M5 und blieb ein fester Bestandteil des BMW-Programms. Ihm hatte Daimler-Benz zunächst nichts entgegenzusetzen, zumal der heutige Haustuner AMG damals noch ein eigenständiges Unternehmen war. Durch die 80er-Jahre-Mode, selbst hochseriöse Limousinen sportiv zu verpacken und mit Leistungen zu segnen, die einem hochkarätigen Sportwagen gut zu Gesichte stünden, war Daimler-Benz geradezu zur Reaktion auf den BMW M3 und M5 gezwungen. Dem M3 begegnete der hoch gezüchtete 190 E 2.3-16 mit von Cosworth entwickeltem 16-Ventil-Zylinderkopf, dem M5 der 500 E.

Cosworth war bereits eine gute Adresse gewesen, eine reinrassige Rennwagenschmiede. Porsche ist auch eine gute Adresse, und um von Haus zu Haus zu telefonieren, bedurfte es zu Zeiten des Festnetzanschlusses lediglich eines Stadtgespräches. Porsche ging es damals nicht gut, das wichtige USA-Geschäft schwächelte wegen des ungünstigen D-Mark-Dollar-Wechselkurses, der 928 war kein allgemein akzeptierter Porsche, überhaupt ließ sich die Palette mit den drei gänzlich unterschiedlichen Autos (Vierzylinder-Reihenmotor und V-Achtzylinder mit Frontmotor, Elfer mit Sechszylinder-Boxer im Heck) nicht effektiv produzieren, und dann noch der Börsencrash 1987. Verkaufszahlen, Umsatz und Gewinn waren allesamt tieftraurig. Porsche war ein Übernahmekandidat. Es war die Porsche-Zeit vor Wendelin Wiedeking, als Porsche Geld, gute Ideen und Support von außen brauchte.

Werner Niefer, damaliger Daimler-Benz-Vorstandsvorsitzender, scharrte schon mit den Hufen. Mercedes zählte zu den guten Kunden im Porsche-Entwicklungszentrum Weissach. So ließ er seine Stuttgarter Nachbarn beispielsweise prüfen, ob aus dem Mercedes 190 ein Roadster entwickelt werden könnte. Niefer wollte auch dafür sorgen, dass die Zuffenhausener Fabrik einigermaßen ausgelastet ist. Es kam zu keiner Übernahme Porsches, aber es kam zur Montage des Mercedes 500 E in Zuffenhausen. Weissach war nicht involviert, die Entwicklung oblag gänzlich Daimler-Benz.

Das Rezept war einfach - in der Theorie, die Umsetzung gestaltete sich natürlich aufwendig: Man implantiere den 326 PS starken 5-Liter-V8-32-Ventil-Motor aus dem Mercedes 500 SL in den W 124 und passe all seine technischen Komponenten der gestiegenen Leistung an, und es entsteht ein Wolf im Schafspelz, dem niemand seine Leistung (zumindest auf den ersten Blick) ansieht.

Vorne breit ausgestellte Kotflügel und auch hinten dezent dicker, das verlieh dem 500 E einen aggressiven Look, ansonsten sah er aus, wie eine sportiv aufgemachte, normale W-124-Limousine mit werksseitigem Sportpaket. Der Vierventiler beschleunigte das Kraftpaket trotz Vierstufen-Automatik in (damals) unglaublichen 6,3 Sekunden auf Tempo 100, bei 250 km/h hörte der Vortrieb wegen der Abregelung auf. Das Fahrwerk unterscheidet sich in wesentlichen Punkten von den zahmeren Versionen.

Über 600.000 D-Mark stehen auf diesem Foto: Fünf fertig gestellte 500 E auf dem Porsche-Werkshof.

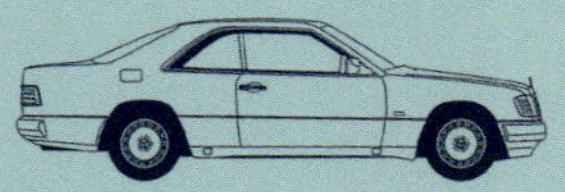

2,7 Millionen Mal lief der Mercedes W 124 vom Fließband, und die meisten davon waren anthrazitmetallic oder silbermetallic lackiert. So edel und, wie man neudeutsch sagt, „wertig" ein Mittelklasse-Mercedes ist, so wenig individuell ist er. Da war es, gerade in den 80ern, vielen Fahrern ein Bedürfnis, aus einem x-beliebigen W 124 ihren ureigenen W 124 zu kreieren. Diese Neigung mag bei Einzelnen aus dem Innersten der Seele entspringen, bei den Meisten hingegen ist sie von der Mode diktiert. Die 80er Jahre und auch noch der Beginn der 90er waren das Jahrzehnt des Tunings, von seriös bis rabiat, je nach Mentalität des Autofahrers. Dabei ging es oftmals nicht um den Wunsch nach Individualität, sondern nur darum, dem Massengeschmack zu folgen. Mit anderen Worten: Wer seinen Mercedes nicht verspoilert hatte, musste sich als Langweiler und - vor allem - als elender Außenseiter der Mainstream-Gesellschaft für sein Auto schämen.

Natürlich gibt es viele Gründe, ein Auto von der Stange nachträglich zu verändern oder gar zu verbessern – zum Beispiel Unzufriedenheit mit der Großserientechnik, der Wille zur Perfektion, ein spezielles Bedürfnis, Individualismus, Auffallen um jeden Preis, der Wunsch nach mehr Sportlichkeit und Leistung. Aber das relativiert sich alles in Betracht auf das jeweilige Auto. Ein Mercedes im Allgemeinen und ein Mercedes W 124 im Speziellen kam der damaligen automobilen Perfektion ziemlich nahe, seine Großserientechnik war untadelig. Technische, also vernünftige oder gar notwendige Gründe sprachen wahrlich nicht für das Tuning eines Mercedes W 124. Die anderen genannten Gründe sind emotionaler Natur und liegen somit außerhalb dessen, was bewertet werden darf. Jedenfalls waren getunte Mercedes W 124 sicherlich keine besseren Autos als serienmäßige Fahrzeuge. Sie waren eben anders.

Professionelle Züge nahm das Tuning in der zweiten Hälfte der 60er Jahre an, als die Automobilhersteller Tuningbetriebe zunehmend befürworteten, weil sie erkannten, dass frisierte Versionen (damals sprach man von „frisiert", nicht von „getunt") ihrer Produkte keine Gotteslästerung darstellten, sondern das eigene Renommee ordentlich aufpolieren konnten. Daimler-Benz hatte das nicht nötig, unterstützte aber dennoch die Firma AMG, ein Ingenieurbüro im schwäbischen Burgstall. Heute kauft man AMG-Modelle beim Mercedes-Händler, und die Firma von Hans Werner Aufrecht und Erhard Melcher, nunmehr in Affalterbach, ist der offizielle Mercedes-Haustuner.

Bis Ende der 70er und Anfang der 80er Jahre ging es den Tunern darum, vorhandene Serienfahrzeuge tatsächlich zu verbessern respektive für den Sporteinsatz zu präparieren. Danach wandelte sich das Bild völlig, und der Übergang verlief sehr

Früher W 124 im AMG-Tuning (300 E 3.4-24) mit auf 3,4 Liter aufgebohrtem 4-Ventiler, 276 PS stark. Im Herbst 1993 wurde er zum E36 AMG befördert (Basismotor E 320) und hatte 261 Pferde, 1994 dann deren 272. Den 3,4-Liter-AMG-Mercedes gab es sogar mit 5-Gang-AMG-Schaltung, erster Gang links hinten. Das Ganze verpackt in einen unauffälligen Kombi machte natürlich höllisch Spaß.

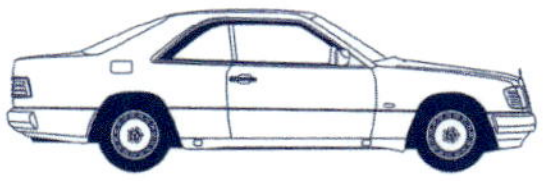

Blick in ein von Carat modifiziertes W 124 Coupé mit gerafften Ledersitzen. Carat orientierte sich qualitativ an Daimler-Benz.

Frédéric Duchatelet, der Gründer von Carat, formulierte es recht treffend: „Ich verwandle Ihren guten Stern in einen Star." Wenn Tuning jemals vornehm und seriös war, so dasjenige der distinguierten Belgier. Hier wurde nicht übertrieben, sondern die scharfe Trennung zwischen Individualismus und Exaltiertheit eingehalten. Letztendlich ging es bei Carat hauptsächlich um einen möglichst luxuriösen Innenraum.

wurden bald Legende. Ebenfalls beliebt war der schnelle Kauf von Heckspoilern, beispielsweise vom Marktführer Zender. Lackiert sahen sie besser aus als in rohem Mattschwarz, aber Mattschwarz galt als sportlich. Zwei Löcher in den Kofferraumdeckel gebohrt, das kann jeder mit Bosch-Bohrmaschine und Stromanschluss in der Garage, und der Heckspoiler saß. Beim Betrachten mag dem kritischen Geist in den Sinn gekommen sein, dass das englische Wort „Spoiler" von „to spoil" hergeleitet wird, was „verderben, beschädigen, zerstören" bedeutet.

Lorinser-Sportservice geht auf eine 1930 von Erwin Lorinser gegründete Autowerkstatt im schwäbischen Waiblingen zurück, die bald offizieller Daimler-Benz-Händler wurde. In der zweiten Generation unter Manfred Lorinser wurde ein Zweitbetrieb in Winnenden eröffnet, der zur Keimzelle von Lorinser-Sportservice wurde. Von Marcus Lorinser wird der Betrieb heute in dritter Generation geleitet. Im Bild ein 300 TE-24 von 1992 mit typischem SEC-Grill.

Auch Lorinser verpasste dem Mercedes W 124 eine ganzheitliche Frischzellenkur in Form von Karosserieanbauteilen, Fahrwerksmodifikationen, Motortuning, Interieur.

Ohne SEC-Grill musste man sich des W 124 schämen

Wie das alles aussah, war reine Geschmackssache. Während die Einen eher dezente Spoiler und Alufelgen offerierten, stießen andere in extreme Regionen vor und bedienten Menschen mit exaltiertem Geschmack. Was aber allen eigen war, das war die Veränderung des Grills. Seltsam eigentlich. Denn der Grill ist das Erkennungszeichen des Mercedes schlechthin. Natürlich war Chrom in den 80er Jahren so out wie heute ein Telefon-Festnetzanschluss, aber der Chromkühler gehörte nun einmal zum Mercedes W 124, und der Kühler war ohnehin sein einziges Chromteil. Durfte er bei getunten Exemplaren bestehen bleiben, so war er mindestens schwarz oder in Wagenfarbe lackiert. Aber meistens war er weg. Ein Mercedes W 124 ohne SEC-Grill war in den entsprechenden Kreisen ein Un-Auto. Dabei war gerade hier dasjenige der Fall, was aus Vernunftgründen nie hätte eintreten dürfen: Die Optik beeinträchtigte die Technik. Denn der breite Grill überlappte die inneren Nebelscheinwerfer, die dann abgeklemmt werden mussten und Ersatz fanden in anderen Nebelscheinwerfern, die in den Spoiler integriert waren. Aber Vernunft spielte im breiter-tiefer-schneller-größer-Reigen ohnehin nur eine Nebenrolle. Und fast schon lustig ist, dass diejenigen, welche den traditionellen Grill an ihrem getunten W 124 am weitesten von der Originalität entfernten, später bei der zweiten Modellpflege am lautesten jaulten, als Daimler-Benz selbst den Ornamentgrill gegen den Plakettengrill austauschte.

Letztlich handelt es sich dabei stets um dasselbe Thema, eben in unterschiedlichen Varianten. Und nachdem, um mit Friedrich Schiller zu reden, jedem seine eigenen Fürze wohl riechen, ergibt es wenig Sinn, die Maßnahmen der einzelnen Firmen zu bewerten. Aber es ergibt durchaus Sinn, sie exemplarisch zu erwähnen.

Gleich nach Erscheinen des W 124 stürzte sich alles, was in der (Optik-) Tuningbranche Rang und Namen hatte (plus einige, die weder Rang noch Namen hatten) auf den Wagen. Da es sich in deren Metier um eine Art ewige Wiederkehr des Gleichen handelt, versuchten einige mit Brachialgewalt, individuell zu sein, was zu Auswüchsen und stilistischen Verfehlungen führte. Aber generell bemühte sich die Mehrzahl der W-124-Tuner, dem Charakter und somit auch der Würde des Wagens halbwegs gerecht zu werden - im Rahmen der eigenen Möglichkeiten. Und die sind nicht nur eine finanzielle Frage. Es macht einen Unterschied, ob Optiktuning-Teile

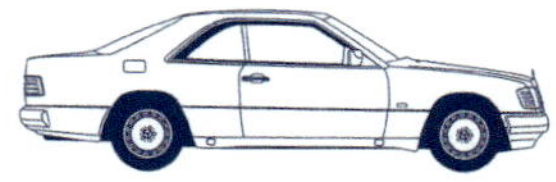

Nochmals der W 124 von CDS. Der Kofferraumdeckel mit integriertem Spoiler sah für den damaligen Geschmack megacool aus und verringerte das Kofferraumvolumen beträchtlich. Eine Spezialität von CDS war es, Alufelgen zu verchromen.

Legendäre D&W-Kataloge

Der Markt für W-124-Teile war riesig und für den Kunden nur schwierig überschaubar - auch, weil die Motorpresse damals skeptisch war und über Derartiges nicht regelmäßig und umfassend berichtete, sondern nur vereinzelt die Höhepunkte der etablierten Tuner thematisierte. Umfassende Informationen bekam der Kunde auf Tuningmessen oder durch Kataloge, die damals, im Gegensatz zu Autoprospekten, Geld kosteten - aber auch so einiges boten: Die D & W-Kataloge mit ihren hübschen und leicht bis gar nicht bekleideten Fotomodels waren damals Legende und sind heute als Zeitzeugnisse antiquarisch richtig teuer. Bei Mercedes selbst wurde der Tuningbegeisterte kaum fündig. In den Niederlassungen war allenfalls das AMG-Programm (in Maßen) erhältlich. Freie Mercedes-Händler konnten Karosserieanbausätze im Programm haben - wenn der Inhaber der Meinung war, Optiktuning vertrage sich mit dem Selbstverständnis eines Mercedes. Für ihn war es eben der Spagat, zwar gutes Geld mit Anbau und Lackierung verdienen zu können, aber eventuell auch seinen Ruf der Seriosität zu verlieren. Denn nach wie vor konnotierte der Homo automobilis das Tuning von Fahrzeugen mit Hinterhofwerkstätten - selbst wenn er selbst mit dem Gedanken liebäugelte, seinen W 124 „aufmotzen" zu lassen. Daimler-Benz hatte damals noch ein zwiespältiges Verhältnis zum Thema Tuning, trotz des (eigentlich unerhörten!) Coups, 1983 den 190E 2.3-16 lanciert zu haben. Die Haltung des Konzerns war damals in einer Übergangsphase, und den Abschluss der konzerninternen Akzeptanz und des Imagewandels markiert die Übernahme von AMG durch Daimler-Benz als Haustuner: 1993 das erste, gemeinsam entwickelte Fahrzeug (der C 36 AMG), Mehrheitsbeteiligung an AMG 1998, hundertprozentiges Tochterunternehmen seit 2005. Die W-124-Ära liegt weit vor dem Daimler-Benz-Engagement bei AMG, AMG war damals noch ein selbständiges Ingenieursbüro und ein Mercedes-Tuner unter anderen.

Gelernt hatten die „Super-Vererdler" an der S-Klasse W 126, und sie war insofern ein Trendsetter, als hier das Optiktuning salonfähig gemacht wurde. Zur äußeren Optik gehörte auch die innere, das Interieur. Was sich dort bewährt hatte, kam mit Abstrichen auch dem W 124 zugute. Nicht die absoluten Lösungen für Kunden aus den Vereinigten Arabischen Emiraten, die mit Petro-Dollars bezahlten. Aber vorgefertigte Holzkits (Walnusswurzel war sehr beliebt) als Inletts für den Innenraum waren sehr in Mode. Das originale Mercedes-Holz war nicht schön genug (dabei war es sehr schön!) und wurde ersetzt plus ergänzt. Es gab kaum ein sichtbares Innenraumteil, auf dem keine mit Hochglanzfirniss versehenen Holz-Applikationen Platz fanden (allenfalls der Dachhimmel), selbst der Lenkradkranz war aus Holz. Dazu gesellten sich neu gestaltete, veredelte Armaturenziffernblätter. Das alles steht und fällt natürlich mit der Qualität der Teile und auch mit jener des Einbaus derselben. Generell unterschied sich das extreme W-126- vom eher gemäßigten W-124-Tuning dadurch, dass beim W 126 Geld keine Rolle spielte, beim W 124 aber schon.

Hans-Albert Zender in Mülheim-Kärlich produzierte populäre Tuning-Teile für populäre Autos, und die Mercedes-Klientel wurde zwar bei ihm fündig, aber er war nicht deren erste Adresse. Im September 2008 beendete Zender den Geschäftsbereich Tuning und Zubehörteile. Für den W 124 produzierte Zender das, was andere auch produzierten, nämlich Karosserieanbauteile und Leichtmetallfelgen.

Vom „Hammer" und anderen Eskalationsstufen

Das Techniktuning war, von Leuchtfeuern abgesehen, weniger spektakulär als das Optiktuning. Das mag auf den ersten Blick überraschend klingen, erklärt sich aber aus dem Baukastensystem. Vom klassischen Motortuning abgesehen, setzten die Tuner dem W 124 schlichtweg größere Motoren aus dem Mercedes-Regal ein. Es gab ja genügend davon, aus der S-Klasse, dem SEC und SL. Und je weniger an diesen Motoren nachträglich getan wurde, desto wartungsfreundlicher waren sie. Die Mercedes-Niederlassung konnte sich kaum weigern, einen W 124 zum Service einzuladen, der einen S-Klasse-Motor unter der Haube hatte.

Es gab einige Tuning-Highlights und einer trug den signifikanten Namen „The Hammer", den ihm die Amerikaner gaben; man kann auch „Der Hammer" sagen - aber ob ihm triviales Deutsch gerecht wird? Das war der stärkste W 124 von AMG, die Eskalationsstufe des 500 E, der AMG E60, gebaut in den beiden letzten Jahren 1993 bis 1995. Abgesehen von den breiten Vorderkotflügeln, die er mit dem 500 E teilt, sieht nur der Kenner, dass dieses „Taxi" bis zu 400 Pferde im Stall hat, den getunten Motor des 500 SL. Der E60 AMG basierte auf dem 500 E, der so stark war, dass er kein Werkstuning nötig hatte. AMG war nicht das Werk, zumindest damals noch nicht, und legte los. Unterm Blech, nicht am Blech. Das blieb weitgehend unangetastet, Karosserie vom 500 E mit den breit ausgestellten vorderen Radhäusern und ansonsten identisch zum 250 Diesel Taxi. Auch innen tat sich wenig, schwarzes Leder, generös verstreutes Wurzelholz, das damals Übliche und von AMG makellos umgesetzt. Doch dem auf 6 Liter aufgebohrten V8 verpasste AMG je nach Ausbaustufe 374 oder 381 PS, und weil er sehr nach oben streute, wurden auch schon 400 Pferde gemessen (gegenüber 326 im 500 E), dazu Viergang-Automatik, ebenfalls aus dem 500 SL. 5,4 Sekunden auf Tempo 100, 295 km/h Spitze ohne Abregelung (ansonsten die üblich 250 km/h), ein maximales Drehmoment von 580 Nm. In W-124-Kreisen spricht man von 147 vom 500 E zum E60 AMG mutierten Exemplaren, aber offizielle Zahlen gibt es nicht. Darin enthalten sind auch eine Handvoll E60 Limited, die innen buntes Leder aufweisen. Eine leidenschaftliche Fahrmaschine, welcher der geneigte Nachbar nichts ansah und sich allenfalls beim Anfahren über den Sound wunderte. Das ist Understatement-Tuning, also genau das Gegenteil dessen, was in den protzigen 80er Jahren Mainstream war und heute wieder in Mode ist. Ein E60 AMG sah aus wie ein Taxi, hatten keinen Klappenauspuff nötig, war alltagstauglich, niemand sah ihm seinen Preis oder seine Leistung an. Ihm war der 5.6-32V mit 360 PS ab 1987 voraus gegangen, nicht abgeregelt immerhin gemessene 304 km/h schnell. Das war die erste Viertürer-Limousine, welche die 300-km/h-Grenze überschritt. Applaus!

Auch in Bottrop wurde man bedient, wenn einem der 500 E zu wenig war, im Hause Brabus: 450 PS, aber ganz anders umgesetzt als bei AMG, im Bottroper Stil eben. Von Brabus bekam der Leistungshungrige achtzylindrige 6,5 Liter Hubraum, 450 PS anstelle der 326, eine nicht abgeregelte und somit erfahrbare Höchstgeschwindigkeit von 282 km/h und eine Beschleunigungszeit auf Tempo 100 in 5,2 Sekunden. Der Brabus E 6.5 V8 war das absolute Biest, die dunkle Macht. Auch sein Auftreten war eher dezent, immerhin satte 18-Zoll-Brabus-Felgen. Rote Bremssättel trug man damals noch nicht. Aber einen roten „Brabus"-Schriftzug auf den silbernen Sätteln.

Doch die meisten Kunden wandten sich an AMG. Die AMG-W-124er basierten zunächst auf dem 300 E, dann auf dem nicht unbedingt standfesten Vierventiler, der vom 300 SL-24 in den W 124 übernommen worden war, auf 3,4 Liter aufgebohrt mit 276 PS, nicht nur mit Automatik, sondern auch mit Fünfgang-AMG-Schaltung zu haben, erster Gang links hinten. Im Herbst 1993 wurde er zum AMG E36 befördert, Basismotor war nun der 320 E, und hatte 261 Pferde, 1994 dann deren 272. Dafür votierten die meisten AMG-Kunden, einen „Hammer" brauchten sie nicht. Und fast jeder orderte seinen Wagen damals im Brillantsilber Metallic, auf der Mercedes-Farbpalette zwischen 1991 und 2009, ein klassisches und unauffälliges Silbermetallic, das, kombiniert mit schwarzem Interieur und Zebranoholz, dem Wagen hervorragend steht. Und vor allem: Was in der Limousine ging, ging natürlich auch im T-Modell!

Ohne jeden Anspruch auf Vollständigkeit seien die meist engagierten Tuner/Veredler des Mercedes W 124 aufgezählt, nicht nach Wichtigkeit, sondern in alphabetischer Reihenfolge: ABC in Bonn, AMG in Affalterbach, BBS in Schiltach (nicht nur Felgen, auch Karosseriekits), Brabus in Bottrop, Brinkmeyer in Porta Westfalica, Carlsson in Beckingen, CD Car-Design in Pforzheim, D & W in Bochum, Duchatelet in Lüttich/Belgien, FOHA in Pasching/Österreich, Haslbeck in Mühldorf, HF in Offenbach/Main, Lorinser Sport-Service in Winnenden, MTS in Weinstadt-Endersbach, Schulz in Korschenbroich, Styling Garage und deren Nachfolgeunternehmen Caro in Hamburg, Vestatec Schwien & Körning in Oer-Erkenschwick, Zender in Mülheim-Kärlich.

Aufgepeppter W 124 aus Holland von VH-Tuning. Das Übliche mit einer kleinen Abweichung. Die SEC-Haube ist nämlich nicht aus GfK, sondern aus Blech.

Die Sonderkarosserien: Mit Blechschere und Schweißgerät

Oftmals sind die Übergänge zwischen Tuning und Karosseriebaukunst fließend. Mit Karosseriebau (im Sinne des Berufsstandes) hat es nichts zu tun, wenn Kunststoff-Formteile an einen Mercedes W 124 geschraubt werden. Aber das Thema Karosseriebau erstreckt sich auch nicht auf die rein nutzorientierten Sonderkarosserien à la Bestattungswagen oder Ambulanz, wenngleich dies (neben der Unfallreparatur) das Hauptbetätigungsfeld heutiger Karosseriebauer ist. Daimler-Benz offerierte das gesamte denkbare Sortiment an Aufbauten für den Mercedes W 124, abgesehen von einer zweitürigen Limousine, die niemand erwartete, oder einem Shooting Brake, der wirklich nur eine Nische darstellt, oder einer Schrägheck-Karosserie mit großer Heckklappe, die nach damaligem Verständnis unter der Würde eines Mercedes war.

Allerdings ließ sich Daimler-Benz mit dem Cabriolet viereinhalb Jahre Zeit. Viereinhalb Jahre begehrlichen Wartens für diejenigen, welche einen offenen W 124 haben wollten. Sie wurden von den Firmen Lorenz & Rankl in Wolfratshausen und Caro in Hamburg bedient. Beide Karosseriebauer investierten viel Aufwand in die Entwicklung eines W 124 Viersitzer-Cabriolets, versteiften die Karosserie, konstruierten ein elektrisch zu betätigendes Verdeck und schufen durchaus schöne Fahrzeuge. Lorenz & Rankl verlangte für den Cabrio-Umbau 55.000 D-Mark, Caro gar 77.500 D-Mark, und der Besitzer fuhr ein hochindividuelles Fahrzeug, bevor Daimler-Benz im September 1991 das Serien-Cabriolet auf den Markt

Bei Caro haben viele ehemalige Mitarbeiter der Hamburger SGS Styling Garage einen neuen Arbeitsplatz gefunden, denn der legendäre, exaltierte High-Society-Betrieb des Christian Hahn hatte mehrmals Insolvenz anmelden müssen, bevor Hahn schwer reich nach Dubai auswanderte. Caro, ebenfalls in Hamburg ansässig, führte also die Tradition der Styling Garage quasi weiter.

Der eigenständige Kofferraumdeckel der Caro-Interpretation ist gut zu erkennen. Er ist flach. Mercedes übernahm beim Cabriolet (zunächst) den Knick der Limousine.

Kurzer Standard-Bestattungswagen von Stolle auf Mopf-2-Basis mit violetten Schabracken. So nennt man die Gardinen für die Seitenscheiben, die den Einblick ins Innere verwehren. Es handelt sich aber nicht um Stoffe, sondern um Gardinentafeln, der Faltenwurf ist nur Zierde.

Länger geht's nicht: unendlicher Radstand plus Verlängerung des hinteren Überhangs und über zwei Meter hoch. Ein Riese, 1989 von Paul Stolle ausgeliefert.

Es gibt internationale Messen für Bestattungsbedarf und Friedhofstechnik, und dort präsent zu sein, ist ein Muss für die etablierten Bestattungswagenbauer. Besuch auf einem Messestand der Firma Stolle.

Sehr eckig, fast schon im italienischen Stil gestaltete der Bestattungswagenbauer Welsch in Mayen diesen langen W 124.

Ein originaler Italiener. Je nach Bestattungskultur sehen die Fahrzeuge von Land zu Land, auch innerhalb Europas, unterschiedlich aus.

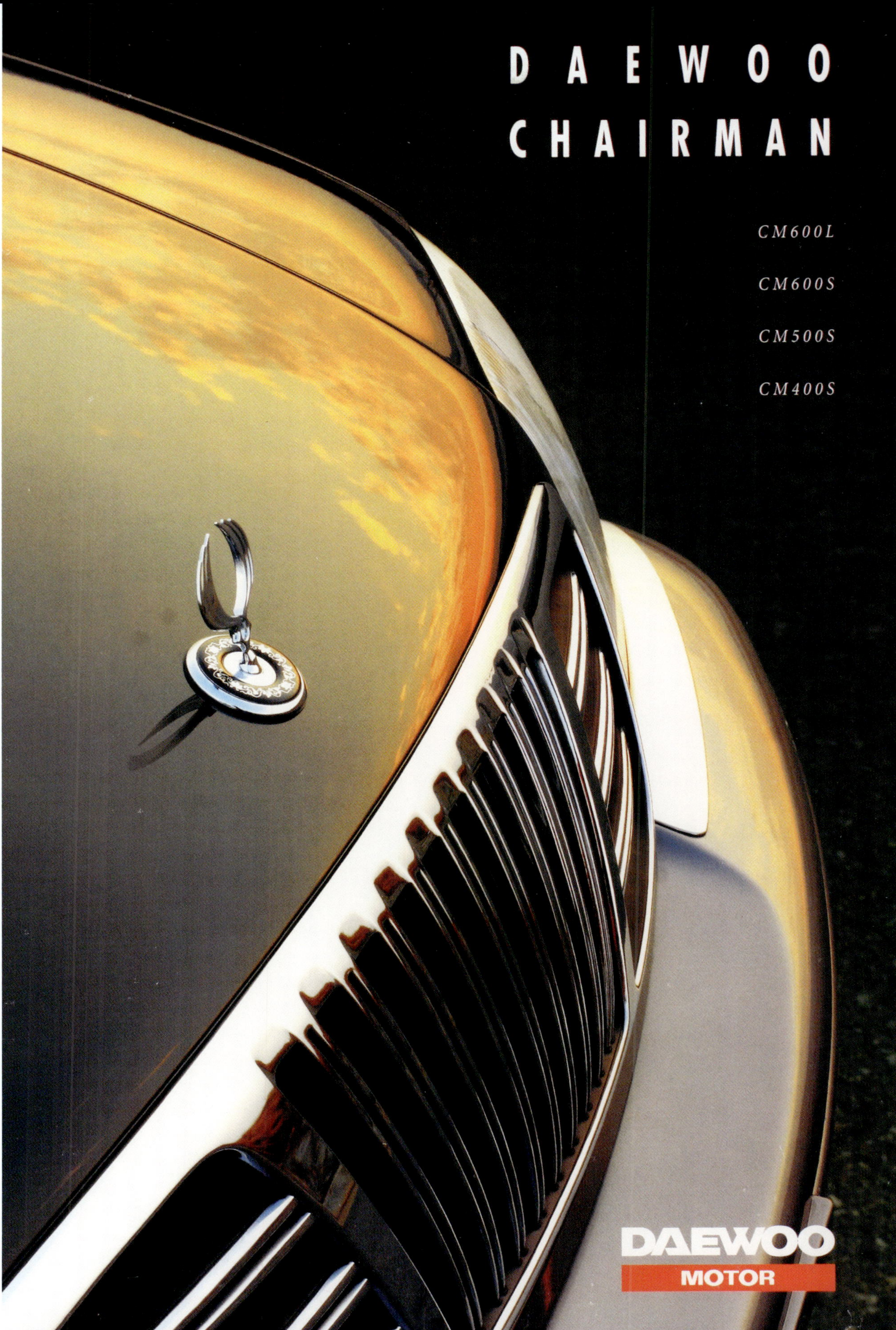

Namen sind Schall und Rauch. Zwischen 1998 und 2003 gehörte SsangYong dem Daewoo-Konzern, und in dieser Zeit wurde der Chairman als Daewoo vermarktet. Cover des Verkaufsprospektes von 1999.

Bekannte Erscheinung. Wer sich in einem Mercedes W 124 auskennt, findet sich auch ad hoc in einem SsangYong Chairman zurecht.

Norev ein schönes Diecast-T-Modell brachte, lancierte BoS (= Best of Show, eine Marke des Flörsheimer Großhändlers Model Car World) 2018 einen silbernen 300 TE von 1990 aus Resine, der durch das Norev-Modell obsolet wurde.

Bleibt der kleine Maßstab 1:87, ursprünglich als Zubehör zur Modellbahn Spur H0 gedacht und seit den späten 70ern/frühen 80ern zum eigenen Sammelgebiet emanzipiert. Wiking und Herpa nahmen sich des Mercedes W 124 zeitgenössisch und bis heute in Wiederauflagen an. Beide Konkurrenten stellten zunächst die erste Version in allen Karosserievarianten her, beide modifizierten ihre Formwerkzeuge 1990 und miniaturisierten auch den modell-

Das T-Modell von Norev in Bornit Metallic, der wohl aufregendsten und umstrittensten Mercedes-Lackierung. Wie beim Vorbild, legt Norev auch den Laderaum mit Teppichboden aus.

Im internationalen Modellauto-Jargon ist dies ein „all-open-Modell", was die Königsdisziplin in 1:18 darstellt: Coupé von Norev, gefedert, lenkbar, der Teppichboden als weiche Beflockung nachgebildet.

Bei einem 1:18-Cabriolet kann sich der Modellauto-konstrukteur austoben. In diesem Maßstab ist jedes Piktogramm nachbildbar, kann Holz sogar gemasert sein und die Fahrzeugböden tragen eine geflockte Teppichboden-Oberfläche.

Was den Großserienherstellern à la Norev nicht möglich ist, erledigt die Resine-Fraktion und schließt damit Lücken: Das Coupé als E 36 AMG von 1994...

... und das Coupé mit Plakettengrill von 1993, beide gefertigt von Ottomobile. Resine-Modelle sind reine Skulpturen, nichts ist zu öffnen, die Modelle lenken und federn nicht, oftmals rollen sie nicht mal.

gepflegten W 124. Von Wiking gab es das Cabriolet nicht, dafür einen Binz-Krankenwagen, Herpa produzierte die Ambulanz-Alternative Miesen-Bonna.

Zusammengefasst lässt sich konstatieren, dass der Mercedes W 124, obgleich ein Kind der 80er Jahre, en miniature ganz trefflich vertreten ist, in allen gängigen Maßstäben (und mit 1/36 sogar in einem äußerst queren Maßstab), alle Karosserieversionen, auch die modellgepflegten Jahrgänge, sogar Kleinserien- und Nischenfahrzeuge. Wer dem Mercedes W 124 einen Miniatur-Altar widmen möchte, dem reicht keine kleine Vitrine. Ein kleiner Geldbeutel reicht ihm auch nicht. Wer sich wirklich austoben möchte, erreicht alleine durch die aktuell am Markt befindlichen Versionen schnell ein Preisniveau, für das er wohl auch einen fahrbereiten W 124 in eins zu echt bekommen könnte. Und wer die Schätzchen sucht, beispielsweise die AUTOart-Interpretationen, wird, sofern er nicht mit den Gepflogenheiten des Sammelns antiquarischer Modellautos vertraut ist, bass erstaunt sein, was für Preise hier aufgerufen werden.

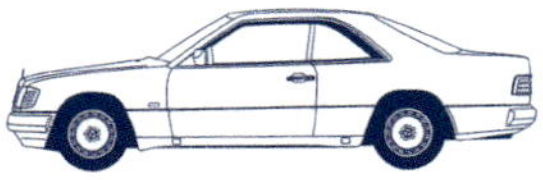

Ebenfalls ein immobiles Ottomobile-Mobil ohne drehbare Räder ist der1986er 300 TE-24 3.4 AMG. Recht hoch ist die Wahrscheinlichkeit, dass die Preise eines solchen Modells steigen, nachdem die Auflage ausverkauft ist. Meist werden derartige Miniaturen heute in Auflagen zwischen 1000 und 3000 Exemplaren produziert.

Resinemodellen haftet die Aura der Manufaktur an, obgleich in deren Fertigung kaum mehr Handarbeit steckt als bei Modellen aus Zinkdruckguss. Der kleineren Auflagen wegen können solche Nischenmodelle wie dieser 1985er 300 E 5.6 AMG von Ottomobile aber nie in großer Serie hergestellt werden.

Diverse Wikinger mit Blaulicht sowie zwei Krankentransportwagen. Der Linke ist von Herpa und stellt ein Fahrzeug mit Miesen-Aufbau dar, der rechte stammt von Wiking und hat einen Binz-Aufbau.

Wiking-Reigen: W 124 der ersten Serie sowie ein Mopf-2-W-124 in modischem Grün.

Die Interpretation von Herpa, bunt gemischt das Ursprungsmodell von 1984, die erste Facelift-Version von 1990 und Mopf-2-Modelle von 1993 in diversen Ausführungen und Farben.

Tabellen

Mercedes W 124: Allgemeine Daten	
Fahrwerk und Kraftübertragung	
Vorderradaufhängung	Dämpferbein-Achse, Dreieck-Querlenker, Schraubenfedern, Gasdruck-Stoßdämpfer, Drehstab-Stabilisator
Hinterradaufhängung	Raumlenker-Achse mit beiderseits 5 Stablenkern, Schraubenfedern, Gasdruck-Stoßdämpfer, Drehstab-Stabilisator, a.W. Niveauregulierung
Lenkung	Kugelumlauf-Servolenkung
Bremsen	Zweikreis-Hydraulik, Servo, 4 Scheibenbremsen, ABS
Schaltgetriebe	4- oder 5-Gang-Stockschaltung
Automatik	4- oder 5-Stufen-Planetengetriebe
Dimensionen	
Länge x Breite x Höhe (Limousine)	4740 x 1740 x 1440, **Sportline-Modelle:** 4740 x 1740 x 1425, **500 E:** 4750 x 1796 x 1408
Länge x Breite x Höhe (Limousine lang)	5540 x 1740 x 1480
Länge x Breite x Höhe (T-Modell)	4765 x 1740 x 1490
Länge x Breite x Höhe (Coupé und Cabriolet)	4655 x 1740 x 1395
Radstand (Limousine und T-Modell)	2800
Radstand (Limousine lang)	3600
Radstand (Coupé und Cabriolet)	2716

Mercedes W 124 Benziner: Preise in D-Mark

	200	220	230	260	280	300	320	300 Coupé
1984/85	31.640		35.400	39.960		44.000		
1985/86	33.200		37.200	42.700		46.950		
1986/87	35.340		39.100	47.260		51.530		
1987/88	36.370		40.300	48.700		53.100		62.600
1988/89	38.880		42.920	50.100		54.610		64.300
1989/90	41.020		45.200	52.500		57.120		66.460
1990/91	45.660		47.480	55.120		60.080		70.340
1991/92	46.910		48.850	56.710		61.850		72.500
1992/93	50.430	54.050			61.650		70.780	74.670
1993/94	51.920	56.750			64.110		74.110	
1995	52.960	57.900			65.380		75.610	

Mercedes W 124 Diesel: Preise in D-Mark

	200 D	250 D	250 D Turbo	300 D	300 D Turbo	200 D T-Modell	250 D T-Modell	300 T-Modell
1984/85	32.600	36.140		39.680				
1985/86	34.280	38.000	42.810	41.720				54.200
1986/87	35.000	39.050	44.580	42.870				56.100
1987/88	35.970	40.250	46.120	44.120				58.540
1988/89	38.500	42.870	48.510	46.800	57.170			59.510
1989/90	41.500	46.120	52.160	50.220	60.820			61.100
1990/91	43.890	48.790	55.640	53.130	64.360	49.700	53.920	58.140
1991/92	43.890	48.790	56.090	53.130	64.360		58.600	62.930
1993/94	46.780	53.360	57.730	56.810	66.820		63.650	67.430
1995/96	49.340	57.440	61.990	61.070	70.040		64.230	69.000

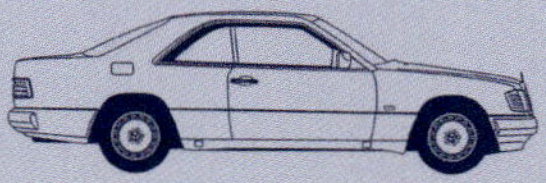

Foto: Ralf Weinreich

	Mercedes W 124 Benziner: Preise in D-Mark								
	320 Coupé	300 Cabrio	320 Cabrio	200 T-Modell	220 T-Modell	230 T-Modell	280 T-Modell	300 T-Modell	320 T-Modell
						42.000		51.600	
						44.630		57.100	
						46.170		58.940	
						48.570		60.250	
						50.960		62.870	
						53.990		66.580	
		99.640		53.750		55.690		68.690	
		100.490	102.640	57.790	61.410		69.000		78.140
	82.820		104.130	59.280	64.110		71.470		81.480
	86.880		106.720	59.860	64.690		72.050		82.050
	89.070								

	Mercedes W 124 Diesel: Preise in D-Mark								
	300 D Turbo T-Modell							300 TD Turbo	
								54.550	
								59.450	
								61.450	
								62.820	
								66.860	
	69.030							71.200	
	72.220								
	77.400								
	77.970								

Motordaten Mercedes W 124

Baujahr und Fahrwerte beziehen sich auf die Limousine; wenn lieferbar mit Schaltgetriebe. PS-Zahl bei Fahrzeugen mit/ohne Kat jeweils für die Kat-lose Version

Benzinmotoren

	200	200 E	230 E	260 E	300 E	300 E-24	400 E/E 400	500 E/ E 500	200 E/E 200	220E/E 220	280 E/E 280	320 E/E 320	E 60 AM
Motortyp	M102	M102	M102	M103	M103	M104	M119	M119	M111	M111	M104	M104	M119
Baujahr	1984-1990	1988-1992	1984-1992	1984-1992	1984-1992	1988-1992	1991-1995	1990-1995	1992-1995	1992-1996	1992-1995	1992-1995	1993-19
Zylinderzahl	4	4	4	6	6	6	V8	V8	4	4	6	6	V8
Hubraum in cm³	1996	1996	2298	2597	2962	2962	4196	4973	1996	2199	2799	3199	5959
Leistung in PS bei U/min	109/5500	122/5200	136/5100	166/5800	188/5700	220/6400	279/5700	326/5700	136/5500	150/5500	197/5500	220/5500	381/550
Höchstgeschw. in km/h	185	190	200	215	225	235	250	250	200	210	230	235	250
Beschleunigung 0 auf 100 km/h in sek,	13	12	12	10	9	8,5	6,8	6,3	11,5	10,6	9,1	8	5,4

Dieselmotoren

	200 D/E 200 Diesel	250 D	250 D Turbo	300 D	300 D Turbo/E 300 Turbodiesel	E 250 Diesel							
Motortyp	OM601	OM602	OM602A	OM603	OM603A	OM605							
Baujahr	1984-1995	1984-1993	1988-1993	1984-1993	1985-1995	1993-1995							
Zylinderzahl	4	5	5	6	6	5							
Hubraum in cm³	1997	2497	2497	2996	2996	2497							
Leistung in PS bei U/min	72, ab 1989: 75	90, ab 1989: 94	125	109, ab 1989: 113	143, ab 1989: 147	113/5000							
Höchstgeschw. in km/h	160	175	190	190	200	160							
Beschleunigung 0 auf 100 km/h in sek.	19,5	16,5	12,5	15	11	18,5							

ZWEITES MAI-WOCHENENDE
TECHNIK
MUSEUM
SPEYER
BRAZZELTAG®
Technik Museum
Speyer